ESSAI

D'ANALYSE CHIMIQUE

DE

L'EAU SULFUREUSE

DE GARRIS.

ESSAI

D'ANALYSE CHIMIQUE

DE L'EAU SULFUREUSE

DE GARRIS

(BASSES-PYRÉNÉES) ;

PAR J.-P. SALAIGNAC, DE BAYONNE,

PHARMACIEN, MEMBRE CORRESPONDANT DE L'ACADÉMIE
ROYALE DE MÉDECINE, ET DES SOCIÉTÉS DE PHARMACIE
ET DES SCIENCES PHYSIQUES ET CHIMIQUES DE PARIS.

BAYONNE,
IMPRIMERIE ET LITHOGRAPHIE DE LAMAIGNERE.

JUIN 1838.

AVANT-PROPOS.

L'ANALYSE des eaux minérales est regardée
avec raison, par les chimistes, comme un
travail difficile et qui exige un grand nombre
de recherches laborieuses. Celle des eaux sulfureuses particulièrement se complique par
une suite d'expériences, propres à faire connaître la manière dont le principe sulfureux
y existe et quelle en est la quantité. Ce principe s'y trouve quelquefois à l'état libre, et
d'autrefois en partie ou entièrement combiné
à une base, formant un hydrosulfate ; il s'y
décompose facilement par plusieurs influences et s'en sépare de même, à raison de sa

propriété volatile. Il faut donc savoir le saisir et le retenir au moment où l'eau sort de la source. Ce n'est en général, dans l'analyse des eaux minérales, que par une attention très-soutenue que l'on parvient à une précision qui seule peut amener à des résultats utiles; mais quelque positifs que soient ces résultats, on ne peut les regarder logiquement que comme une conséquence de nos connaissances acquises en chimie, et quoique celles-ci soient portées aujourd'hui à un très-haut degré, on ne saurait affirmer que les eaux minérales que la nature nous offre ne contiennent rien autre chose que ce qu'il est possible d'y découvrir, dans l'état actuel de la science, surtout lorsque nous avons la preuve sous les yeux que ces eaux opèrent, dans une foule de circonstances, des effets qu'on n'a pu obtenir des eaux minérales artificielles ou factices; il est dès-lors permis de supposer que quelque principe encore inconnu, quelque fluide aériforme peut-être, se trouve contenu dans les eaux minérales qui sortent du sein de la terre, et que ce principe agit d'une manière toute particulière sur les propriétés vitales de nos organes. Cette opinion ne paraîtra pas sans fondement, si l'on se rappelle les immenses progrès que la chimie a faits depuis l'époque reculée où l'on connaissait à peine la nature des eaux minérales et où l'on était encore bien loin d'y soupçonner la présence de quelques principes actifs dans un état gazeux, comme ceux qu'on en retire maintenant, ou même d'autres substances, douées également d'une grande énergie, telles que l'iode, le brome, etc. On peut citer encore à l'appui de ce raisonnement, sur les eaux minérales naturelles, la découverte qu'on y a faite, dans ces derniers temps, d'une matière organique qui possède des caractères qui lui sont propres, qu'on ne

saurait, par conséquent, assimiler aux substances organiques dont nous disposons, et
à laquelle on a reconnu la propriété de modifier d'une manière avantageuse l'action
des autres principes contenus dans les eaux.
Cette matière, d'ailleurs, dans l'état de divi-
sion où elle se trouve et peut-être de composition, peut jouir d'autres propriétés qui
n'ont pas été encore aperçues. Ces diverses
considérations, sur les eaux minérales naturelles, doivent donc établir une ligne de
démarcation entr'elles et les eaux minérales
artificielles, sans ôter néanmoins à ces dernières l'avantage d'offrir, dans bien des cas,
de précieuses ressources à la médecine.

Avant d'entrer dans les détails de mes
expériences sur l'eau de Garris, j'ai dû présenter un aperçu de la topographie de ce
lieu, comme se rattachant naturellement à
mon travail. Cette description rapide d'un
des sites les plus pittoresques des Pyrénées

fera ressortir les nombreux avantages de cette intéressante contrée, ceux notamment qu'il importe si fort à des malades d'y trouver : la constante pureté de l'air et la qualité exquise des eaux potables; mais quelque précieux que soient ces avantages, je suis loin de partager l'opinion de ceux qui croient que c'est *exclusivement* à cette sorte d'influence et à une certaine variété de distractions que les malades sont redevables des guérisons qu'ils obtiennent dans les établissemens thermaux. Je doute qu'une telle opinion ait jamais été appuyée de faits positifs, à moins qu'on n'ait voulu la borner à quelques exceptions très-rares qui se rapporteraient à un petit nombre d'affections sans gravité. Il est assurément impossible d'admettre qu'une eau qui contient des substances salines, du soufre ou d'autres principes également énergiques, puisse être introduite tous les jours dans l'économie vivante sans produire d'effet. Certes les bienfaits d'une atmosphère salubre, les douces émotions causées par un séjour agréable, les avantages qu'on retire du repos de l'esprit, du régime et d'une promenade modérée, ont été appréciés dans tous les temps par les médecins; mais ces influences n'ont jamais guéri des maladies cutanées, la paralysie, des phlegmasies chroniques des voies digestives, le catarrhe visical et tant d'autres affections dont les cures attestent l'efficacité des eaux minérales. Il faut donc nécessairement considérer ces liquides naturels comme agissant sur le système de l'économie animale, en raison de ses forces vitales, d'une manière conforme à leur composition et à l'état de sensibilité des organes affectés. C'est par ce mécanisme que les eaux minérales opèrent ces salutaires effets qui leur ont mérité tant d'éloges et les honneurs de l'antiquité (1).

Après cet aperçu de la topographie de Garris, je m'occupe de mes recherches chimiques. J'ai suivi à cet égard la méthode la plus rationnelle qui consiste à diviser ce travail en deux parties : l'une appelée analyse *qualitative* et l'autre analyse *quantitative*. — Désirant connaître aussi exactement que possible la composition de l'eau minérale

(1) Les Grecs honoraient les sources minérales comme un bienfait de la divinité et les dédiaient à Hercule, le dieu de la force. Après eux, les Romains qui en firent le séjour de divinités tutélaires, leur élevèrent des monumens magnifiques dont on retrouve les ruines dans l'Italie, la France et l'Espagne.

Hippocrate, le père de la médecine, et *Aristote* ont parlé des eaux minérales sous le rapport de leur composition et de leurs vertus. *Strabon, Théopompe* et *Galien* les conseillèrent dans le traitement de plusieurs maladies graves, et chez les Romains *Vitruve, Pline, Aétius* écrivirent aussi sur leurs propriétés médicinales; mais c'est parmi les nations modernes, surtout en France, que les effets des eaux minérales ont été le mieux observés et qu'elles ont pris une place importante dans la thérapeutique.

que j'examine, j'ai mis dans mes expériences tous les soins qui ont dépendu de moi,
et je les ai répétées même plusieurs fois,
lorsque leurs résultats me laissaient quelques doutes. Pour ce qui concerne les quantités des substances qu'on retire dans l'analyse des eaux minérales, il convient de faire
observer que ces quantités ne sauraient être
rigoureusement les mêmes dans tous les
temps, ainsi qu'on avait pu le croire. Les
saisons plus ou moins humides doivent nécessairement les faire varier un peu, selon
la profondeur à laquelle se trouvent les
sources et l'accès qu'elles peuvent donner
aux eaux pluviales, indépendamment d'autres circonstances. Les sources mêmes qui
parviennent d'une très-grande profondeur
à la surface du sol, sont exposées à des va-
riations dont la cause peut dépendre de
quelques bouleversemens dans les cavités
souterraines que leurs eaux parcourent,

ainsi que de la réunion de quelques filets
d'eau étrangère; circonstances qui peuvent
produire dans ces sources des changemens
dont leur composition chimique peut même
se ressentir un peu. Mais ces sortes de cas
qui toutefois ne se présentent que très-rare-
ment et après un long espace de temps, du
moins pour ce qui est relatif à la composition des eaux, n'influent pas ordinairement
d'une manière sensible sur leurs propriétés
médicinales.

L'action énergique des eaux sulfureuses
contre plusieurs maladies a fait regarder,
comme un point important de l'analyse de
ces eaux, la détermination rigoureusement
exacte de la quantité d'acide hydrosulfurique qu'elles contiennent. Plusieurs chimistes ayant fait connaître divers procédés
dans cette vue, on s'est arrêté de préférence
à l'emploi du nitrate d'argent qui a la propriété de décomposer le principe sulfureux

des eaux minérales; de sorte qu'en versant
une solution de ce nitrate cristallisé dans
ces eaux, on obtient un sulfure d'argent
dont les proportions de métal et de soufre
ont été déterminées. Ainsi, une fois la quantité de soufre connue, il est facile, par le
calcul, d'apprécier celle de l'acide hydrosulfurique contenue dans l'eau, puisque les
quantités d'hydrogène et de soufre qui constituent cet acide sont également déterminées. Mais comme on est obligé de faire
sécher le sulfure d'argent qu'on a obtenu,
pour en connaître le poids, on est exposé,
pendant cette dessication, à perdre une petite portion de son soufre qui peut se volatiliser ou s'acidifier, malgré que la chaleur
ait été bien ménagée; d'un autre côté, cette
matière peut aussi retenir un peu d'eau,
après sa dessication : circonstances qui doivent nécessairement faire varier son poids
et amener quelque erreur. Il m'a donc paru

plus convenable de décomposer, avec un soin tout particulier, par l'action du feu, le sulfure d'argent formé dans l'eau minérale, après l'avoir dépouillé, par l'ammoniaque, des sels d'argent qu'il contient toujours. On obtient par ce procédé l'argent à l'état métallique, et comme c'est toujours là un état constant et uniforme de l'argent, on est assuré de connaître très-exactement, par son poids, celui du soufre qui constitue le sulfure d'argent obtenu, et par suite, comme je l'ai déja dit, la quantité d'acide hydrosulfurique de l'eau minérale. Cette méthode dont je me suis servi dans d'autres analyses de ce genre, m'appartient et j'en ai fait l'application dans mes recherches sur l'eau de Garris.

On pourra aussi remarquer, dans mon travail sur cette eau, que les substances fixes de nature saline en ont été retirées à l'état anhydre, ou privées de toute l'humi-

dité. Cette manière d'opérer a été reconnue
la plus sûre, pour apprécier exactement les
quantités de ces substances. Le moyen employé à cet effet est la calcination; mais
comme cette opération n'est pas praticable
sur les matières organiques qu'on retire
aussi des eaux minérales, puisque ces matières sont susceptibles de se décomposer
par l'action du feu, j'ai estimé la quantité
d'une substance de cette nature, en la prenant à l'état de dessication le plus parfait
qu'il est possible d'obtenir, par l'emploi
d'une chaleur modérée.

Cet essai d'analyse de l'eau de Garris est
terminé par un exposé sommaire de ses propriétés médicinales : il m'a paru très-utile
de faire connaître la nature des différentes
affections qui ont été guéries par cette eau,
dont la renommée dépose depuis long-
temps en sa faveur; j'en ai puisé la connaissance dans des observations médicales

qui ont été recueillies sur les lieux mêmes,
et j'y ai ajouté quelques remarques impor-
tantes sur la chaleur qu'on donne à des
eaux sulfureuses froides, pour les administrer en bains ou en douches. On verra que
cette chaleur artificielle ne diffère en rien de
celle que quelques eaux apportent avec elles
du sein de leurs sources. C'était un point es-
sentiel sur lequel la chimie a fixé assez récemment les médecins, et qui éclaire aujourd'hui
nos connaissances dans cette partie. Mais en
parlant des propriétés médicinales de l'eau
dont je m'occupe, il ne m'appartenait pas
d'indiquer aux malades la manière dont ils
doivent se conduire pendant son usage, leur
régime, ni d'entrer dans d'autres considérations de cette nature. C'est là une spé-
cialité médicale pour laquelle je les ren-
voie aux médecins, d'autant mieux qu'on
en trouve toujours en résidence auprès des
sources minérales.

2

Les faits que je rapporte relativement aux propriétés médicinales de l'eau de Garris sont nombreux, et il est probable que l'expérience les étendra encore davantage; c'est la conséquence de toutes les choses utiles, principalement dans une époque de progrès où rien ne périt que l'absurde et le ridicule.

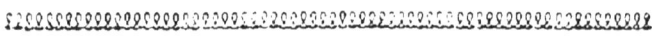

ESSAI D'ANALYSE CHIMIQUE

DE

L'EAU SULFUREUSE

DE GARRIS.

Aperçu de la topographie du lieu et situation de la source.

C'est auprès de la chaine des Pyrénées, au Nord - Ouest et à une petite demi-lieue de Saint - Palais, qu'on trouve la commune de Garris : elle est située sur un terrain élevé et très - accidenté d'où l'on découvre un magnifique paysage. Ses nombreux coteaux plantés de vignes, ses champs fertiles, ses prairies riantes, ses bois de haute futaie sur le penchant des monts et ses jolis bos-

quets où règnent l'ombrage et la fraîcheur,
en font une campagne délicieuse. On y res-
pire l'air pur et salutaire des montagnes,
qui donne tant de vitalité et de ressort à
nos organes. Aucune eau stagnante, aucune
mare insalubre n'existent dans cette agréable localité. Les eaux potables y sont excel-
lentes et en abondance : leur écoulement
donne lieu à deux ruisseaux qui traversent
la commune dans la direction du Sud au
Nord et de l'Ouest à l'Est, servant à d'utiles
irrigations. Les vents qui règnent le plus
souvent à Garris, viennent de la partie du
Nord; ce qui tempère la chaleur pendant
l'été, qui d'ailleurs ne se fait assez fortement
sentir, pour l'ordinaire, que dans la première quinzaine du mois d'août. Les habi-
tans de ce lieu sont en général bien cons-
titués, d'une santé robuste, et, comme tous
les Basques, polis, affables et prévenans.

Le bourg comprend un assez grand nombre de maisons dont la majeure partie sont
bien bâties. On y remarque, vers le centre,
les restes d'un antique château-fort qui était
anciennement le siége de la juridiction de
Mixte, vallée de la ci-devant Basse-Navarre.

Ce vieil édifice dont l'aspect a été changé dans ces derniers temps, par une nouvelle couverture qu'on lui a donnée, est aujourd'hui le lieu de la mairie de Garris. Sa vétusté a exigé qu'on l'appuyât par deux éperons, vers la partie du Nord; mais il est néanmoins à croire que ce reste d'antiquité du pays n'aura pas une longue existence.

Cette commune a une population d'environ 640 personnes. Son revenu principal consiste en vins excellens qui sont très-renommés et recherchés. On y tient tous les quinze jours, en vendredi, un marché considérable qui donne lieu à un mouvement de numéraire assez grand; toutes sortes de denrées abondent à Garris particulièrement dans la saison des eaux. Les étrangers qui s'y rendent à cette époque y trouvent des logemens très-propres et commodes.

La source minérale est située au Sud et à une petite distance du bourg. On y arrive, en descendant une colline, par un chemin qui suit une douce pente et qui donne un libre accès aux voitures. L'eau jaillit par plusieurs jets, au pied d'une petite montagne et à une assez grande profondeur,

d'une roche schisteuse micacée qui présente, dans sa cassure, quelques traces de
soufre. On a trouvé que le volume de la
source est de dix mille quatre - vingt litres
d'eau dans les vingt-quatre heures. MM. Vivié frères, propriétaires de cette source, y
ont élevé un établissement thermal. La plus
grande partie de l'eau est reçue dans un
bassin rectangulaire de quatre mètres de
longueur, sur trois de largeur et six de profondeur. Ce vaste bassin est construit en
forte maçonnerie et enduit intérieurement
d'un ciment inattaquable par l'eau. On y a
adapté un couvercle en bois, qui le ferme
exactement et qui s'oppose à l'évaporation
du gaz sulfureux, ainsi qu'à l'introduction
de l'air extérieur; de sorte que l'eau ne peut
éprouver aucune déperdition, ni de décomposition. Au moyen d'un jeu de pompe
qu'on a disposé dans ce bassin, l'eau minérale est portée dans une chaudière de cuivre fortement étamée où elle est chauffée à
soixante - dix degrés centigrades, pour être
employée ensuite en bains ou en douches,
au degré de chaleur convenable. La pompe
qui est aussi en cuivre a été également éta-

mée. A côté de ce bassin on a mis à profit un jet d'eau sulfureuse, pour établir une buvette. Le trop-plein de cette fontaine, ou espèce de réservoir particulier qui a aussi son couvercle, se déverse par un canal supérieur dans le grand bassin dont il vient d'être parlé; le fond et les parois intérieures de ces deux bassins sont enduits d'une matière jaunâtre que l'eau y dépose et qui est d'une consistance épaisse et comme gélatineuse. Le tout est renfermé dans un appentis construit en maçonnerie, qui communique à un bâtiment principal dans lequel sont établies les baignoires et les conduites de l'eau, fabriquées en planches de zinc d'une forte dimension, métal qui n'éprouve presque pas d'altération de la part des eaux sulfureuses.

Le bâtiment principal est un parallélogramme rectangle de dix-neuf mètres et demi de longueur sur neuf mètres de largeur, qui est élevé d'un étage et d'un comble. Le rez-de-chaussée se divise, du côté de la façade, en deux pièces à peu près carrées et assez grandes, au milieu desquelles se trouve l'entrée du bâtiment; la partie opposée pré-

sente dans toute son étendue neuf cabinets
de bains, dont un est réservé pour la douche; un corridor qui suit d'un bout à l'autre
le front de ces cabinets, leur donne l'entrée. On a disposé dans les pièces supérieu-
res des logemens très-agréables et très-com-
modes pour les personnes qui veulent se
trouver à la proximité de la source.

Les environs de cet établissement sont
des plus pittoresques, par la variété de la
culture et de récentes et nombreuses planta-
tions qui bordent sur l'inclinaison des col-
lines de beaux tapis de verdure. La petite
montagne auprès de laquelle jaillit la source
minérale, présente une végétation moins
énergique; mais ce lieu, un peu solitaire,
n'est pas non plus sans intérêt. Ce sont des
charmilles naturelles qui conduisent, par
une douce pente, sur le sommet de ce mont
d'où l'on découvre, mieux que partout ailleurs, les beautés du paysage. On remarque
de ce point, sur la crête d'une petite montagne voisine, une fortification élevée en
terre et très-bien conservée, dont la cons-
truction, dit-on, remonte à l'époque de
l'invasion des Maures. Cette tradition a ac-

quis quelque fondement, depuis que des fouilles pratiquées dans de semblables terrains, sur d'autres points de cette partie du pays basque, y ont fait découvrir d'anciennes armes. C'est de là aussi qu'on aperçoit la vignicole et jolie commune de Luxe, avec sa petite église où reposent, dans un modeste tombeau, les restes de la comtesse d'Olonne, originaire de ce lieu.

Les agrémens de la campagne ne sont pas les seuls plaisirs que l'on goûte à Garris ; on en trouve d'autres bien propres à exercer une influence avantageuse dans certaines maladies; surtout dans celles qui ont pour cause une sorte d'abattement moral, et où il est utile de joindre à l'usage tonique des eaux une diversion agréable de l'esprit, ou des exercices du corps qui puissent en rompre l'atonie : dans l'objet d'user de ces puissans moyens de l'hygiène, on a recouru au goût du pays pour le jeu de paume, et l'on a construit un trinquet devant l'établissement thermal; à une petite distance de là, est une jolie rotonde qui invite à la danse.

L'établissement se trouvant par sa posi-

tion assez rapproché de Saint - Palais , on
peut s'y rendre de ce lieu par un chemin
de traverse , où l'on a établi des voitures
qui en font le trajet plusieurs fois par jour
dans la saison des eaux. Ces circonstances
permettent aux personnes qui ne seraient
pas bien malades et qui préféreraient habiter
St-Palais, d'user des eaux minérales en jouis-
sant à la fois des agrémens de la ville et de
la campagne.

La source minérale de Garris est connue
depuis un temps immémorial, sans qu'on
sache l'époque de sa découverte. Son eau
n'avait point encore été analysée, quoiqu'elle ait souvent fixé l'attention des médecins par les guérisons qu'elle opère d'un
grand nombre de maladies. On l'employait
non-seulement en boisson, mais encore en
bains, quoiqu'on éprouvât bien des diffi-
cultés pour l'administrer de cette dernière
manière, faute d'un établissement thermal (1).

(1) On a vu dans une précédente note que les Grecs
avaient la plus grande vénération pour les sources minérales. C'est aussi chez eux que les établissemens thermaux
publics ont pris naissance. Ils passèrent de là chez les Romains et successivement chez tous les peuples.

On arrive à Garris par des routes départementales très-bien entretenues, sur lesquelles circulent, dans la belle saison, plusieurs voitures publiques qui offrent des moyens sûrs et commodes de transport; une nouvelle route de Hasparren à Saint-Palais, passant par Garris, doit être bientôt ouverte et donner lieu à d'utiles communications.

EXPÉRIENCES ANALYTIQUES.

PROPRIÉTÉS PHYSIQUES

DE

L'EAU DE GARRIS.

Odeur.

L'ODEUR qu'exhale l'eau de Garris est celle de l'acide hydrosulfurique. Cette odeur est très-prononcée dans l'établissement et elle se fait même sentir quelquefois assez fortement au-dehors, lorsque certaines circonstances atmosphériques donnent lieu, dans la source, à un dégagement plus grand du gaz sulfureux que dans les temps ordinaires.

Limpidité.

Cette eau est parfaitement claire et incolore. Mise dans des bouteilles qu'on remplit entièrement et qu'on a le soin de bien boucher, elle ne se trouble point. On peut la transporter et la conserver très long-temps, sans qu'elle perde ses propriétés. Administrée en bains, elle laisse sur la peau une sorte d'onctuosité qui lui donne de la douceur.

Saveur.

La première impression qu'on éprouve en goûtant l'eau de Garris, est une saveur d'œufs couvés ou altérés qui parait se porter plutôt sur le sens de l'odorat que sur celui du goût, comme cela a lieu pour toutes les eaux sulfureuses; mais la véritable saveur de cette eau est très-légèrement fade. Elle n'excite aucun dégoût en la buvant.

Température.

Sa température, prise à différentes époques, au moyen d'un thermomètre à mercure, s'est trouvée constamment de 12 à 13 rés centigrades; ce qui classe cette eau parmi les eaux sulfureuses froides.

Pesanteur spécifique.

La pesanteur spécifique de l'eau de Garris, comparée à celle de l'eau distillée, est comme 10000 à 10003; l'eau distillée bouillie et refroidie étant 10000, et ces deux liquides pris à la température de 12 degrés 5 centigrades.

Action de la lumière et de l'air sur l'eau de Garris.

Cette eau n'éprouve aucune altération de la part de la lumière.

Lorsqu'on l'expose au contact de l'air, elle subit une décomposition qui la trouble légèrement; mais ces effets ne s'opèrent qu'avec beaucoup de lenteur. J'ai exposé à l'air deux kilogrammes d'eau de Garris dans un vase où elle présentait une grande surface. Ce n'est qu'après vingt-quatre heures et sous l'influence d'une température de 16 à 18 degrés centigrades, qu'elle a été entièrement décomposée. Sa transparence était alors un peu troublée par la séparation d'une petite quantité de soufre et de carbonates insolubles, dont une partie s'était précipitée. La connaissance de ces faits peut être utile aux médecins, pour qu'ils recommandent à leurs malades de ne point abandonner à l'air l'eau sulfureuse qu'ils leur prescrivent de boire. Cette décomposition de l'eau de Garris s'opère également lorsqu'elle est conservée dans des bouteilles en vidange. La théorie de la décomposition des eaux sulfureuses, par l'action de l'air, est connue depuis long-temps. On sait que l'oxigène de l'atmosphère agit sur l'acide hydrosulfurique contenu dans l'eau, et en sépare le soufre dont une partie se précipite, tandis qu'une autre passe à l'état d'acide hyposulfureux. Pendant cette réaction les carbonates insolubles perdent l'acide carbonique qui les tenait en dissolution et se précipitent de leur côté, comme on l'a déja vu. Lorsque les eaux contiennent des hydrosulfates, ces sels se convertissent en hyposulfites, par suite de cette décomposition.

Action de la chaleur sur l'eau de Garris.

J'ai examiné avec beaucoup d'attention les effets de la chaleur sur l'eau de Garris, d'autant plus qu'il était important de s'assurer, d'une manière positive, si cette eau chauffée au degré convenable, pour être administrée en bains ou en douches, pouvait conserver encore des propriétés sulfureuses et agir efficacement sur le système tégumentaire; les expériences que j'ai faites dans cet objet ont démontré, de la manière la plus complète, que l'eau de Garris peut être élevée à une température qui la rend propre au service d'un établissement thermal : voici ces expériences.

J'ai pris 2,000 grammes d'eau sulfureuse de Garris, récemment puisée; j'y ai versé aussitôt un excès de solution de nitrate d'argent cristallisé. Le sulfure d'argent qui s'est formé, après avoir été traité par l'ammoniaque, l'acide acétique, lavé et séché, à une température de 110 à 120 degrés centigrades, pesait 0,199; — dans une seconde expérience une égale quantité d'eau minérale, chauffée à 45 degrés centigrades, dans un vase muni d'un couvercle et presque plein, a donné en sulfure d'argent 0,194. — Le peu de différence de ces quantités de sulfure obtenues dans ces deux expériences, démontre que l'eau de Garris ne perd pas sensiblement de son principe sulfureux, chauffée à un degré au-dessus de celui qui est nécessaire aux bains ou aux douches.

Une troisième expérience, faite dans l'établissement, sur environ 20 kilogrammes d'eau minérale, a démontré que cette eau chauffée même jusqu'à 70 degrés de l'échelle centigrade, dans un vaisseau couvert, conservait une grande quantité de son principe sulfureux, puisqu'après cette élévation de température, le nitrate d'argent y occasionnait encore un précipité noir et abondant,

Ces expériences sont décisives et ne laissent, par conséquent, aucun doute sur la propriété qu'a l'eau de Garris de supporter une chaleur assez grande, sans se décomposer entièrement : ce n'est qu'au terme de 90 à 100 degrés, toujours centigrades, que le nitrate d'argent cesse d'y produire un précipité noir ou brun.

Action des réactifs sur l'eau de Garris.

L'usage des réactifs, dans l'examen des eaux minérales, sert à se procurer des indi-

3

cations sur la nature des principes qu'elles contiennent : c'est ce qu'on appelle l'*analyse qualitative* de ces eaux. Ces essais sont suivis d'autres expériences qui ont pour objet de déterminer l'état de combinaison de ces mêmes principes et leurs quantités respectives. Cette partie constitue l'*analyse quantitative*. Pour suivre cette marche, qui est tout à fait méthodique, j'ai examiné, sur l'eau dont je m'occupe, les effets des réactifs dont il va être question.

EFFETS PRODUITS PAR LES COULEURS BLEUES VÉGÉTALES.

Papier teint avec le litmus ou tournesol.

La couleur de ce papier a été à peine un peu rougie.

Sirop de violettes.

Ce sirop a pris une couleur verte.

Effet des acides concentrés.

L'action des acides sulfurique, nitrique et hydrochlorique concentrés, se borne à augmenter l'odeur de l'eau de Garris, en donnant lieu à un dégagement d'acide hydrosulfurique; mais ces acides n'y occasionnent aucun précipité : ce qui indique la présence d'un hydrosulfate sans excès de soufre.

Effet de l'ammoniaque pure.

L'ammoniaque pure n'a pas produit d'abord d'effet apparent; mais au bout d'une heure environ, le vase étant couvert, on voyait quelques légers flocons suspendus dans le liquide. Ce réactif n'a pas indiqué, d'une manière certaine, la présence de la magnésie.

Effet de l'eau de chaux.

L'eau de chaux récemment préparée a troublé la transparence de cette eau minérale, en démontrant l'existence de l'acide carbonique et des carbonates.

Effets de l'eau de baryte.

L'eau de baryte a donné lieu à un précipité qui s'est dissous, en grande partie, dans

l'acide nitrique. La dissolution d'une partie de ce précipité, en confirmant la présence de l'acide carbonique et des carbonates, a indiqué aussi celle de l'acide sulfurique.

Effet du bicarbonate de potasse.

La solution du bicarbonate de potasse a produit un précipité blanc qui devait être de la chaux et peut-être de la magnésie.

Effets de l'oxalate d'ammoniaque neutre.

La solution d'oxalate d'ammoniaque neutre cristallisé, a annoncé positivement la présence de la chaux, par un trouble très-sensible. La lenteur que mettait le précipité, pour occuper le fond du vase, fesait soupçonner qu'il contenait de la magnésie.

Effet du nitrate de baryte.

La solution de nitrate de baryte cristallisé n'a pas agi dans le moment ; mais l'eau s'est troublée sensiblement quelques minutes après. Il s'est formé ensuite un précipité qui s'est dissous en partie dans l'acide nitrique.

L'effet de ce réactif confirme de nouveau l'existence de l'acide sulfurique et des carbonates.

Effets du nitrate d'argent.

La solution de nitrate d'argent cristallisé trouble sur-le-champ l'eau de Garris, par la production d'un nuage épais d'une couleur brune foncée. On voit bientôt après se former des flocons noirs, abondans, de sulfure d'argent, qui vont occuper le fond du vase. Le précipité obtenu est tout à fait noir. Ce réactif, dont l'action est des plus prononcées sur cette eau minérale, prise au moment où elle sort de la source, y démontre une grande quantité d'acide hydrosulfurique et aussi la présence de l'acide hydrochlorique. On remarque qu'après son effet, l'eau n'a plus aucune odeur sulfureuse.

Effets de la solution d'acétate de plomb.

La solution d'acétate de plomb acidulée, avec un peu d'acide acétique, a manifesté également la présence du soufre, par un sulfure de plomb qui s'est formé. Son ac-

tion a détruit de même l'odeur de l'acide
hydrosulfurique.

Effet du protosulfate de fer.

La solution de protosulfate de fer déter-
mine sur-le-champ, dans l'eau de Garris,
un précipité noir, floconneux et très-abon-
dant, qui annonce que cette eau contient
un hydrosulfate.

Effet de l'hydrocyanate de chaux.

L'hydrocyanate de chaux, aidé de quelques
gouttes d'acide nitrique bien pur, n'a pas
agi dans l'instant même; mais quelque temps
après, l'eau minérale a pris une légère couleur bleue qui a décélé la présence du fer.

Effet du mercure.

L'eau de Garris, agitée avec un globule
de mercure, dans un flacon de cristal plein
et bien bouché, agit sur ce métal en lui donnant une couleur noire.

Effets de l'argent et de l'or.

Une pièce d'argent, mise sous le jet de
cette eau, lorsqu'elle sort de la source, y

prend d'abord les couleurs de l'iris et passe
bientôt après au noir; l'or est aussi altéré à
la longue. Les personnes qui prennent des
bains doivent donc se prémunir contre ces
effets, en se défaisant d'avance de leurs bi-
joux.

*Effets produits par le lait de vache et d'au-
tres liquides mucilagineux.*

L'usage où l'on est d'administrer les eaux
sulfureuses, dans certains cas, coupées avec
du lait de vache, ou d'autres liquides mucilagineux, devait me porter à examiner de
tels mélanges avec l'eau de Garris. Je l'ai
donc mêlée à du lait, de la solution de gom-
me arabique et de la décoction d'orge perlé.
Ces mélanges, dans les proportions d'un
tiers ou de la moitié du volume de l'eau
minérale, n'ont donné lieu à aucune décomposition pour le moment; mais comme
ils peuvent s'altérer, en les conservant quelque temps, il convient d'en user au moment
où l'on vient de les préparer. Le seul effet
qu'opèrent immédiatement ces liquides mucilagineux sur l'eau de Garris, est de dimi-
nuer plus ou moins sa saveur, en raison

de la densité de chacun d'eux et de leurs
proportions : d'où il résulte naturellement
que les mélanges opérés ont un goût mixte
qui participe de celui de l'eau minérale et
du liquide employé.

Action des réactifs sur l'eau de Garris concentrée par l'évaporation.

Après avoir examiné une eau minérale,
par les réactifs, dans son état naturel, il est
nécessaire d'en prendre une autre quantité
et de la concentrer au moyen de l'évaporation, pour l'essayer de nouveau par les
mêmes agens. Plusieurs substances qui ne
se trouvent qu'en très - petites quantités
dans les eaux minérales et qu'on n'aperçoit pas dans un premier essai, deviennent
très-sensibles, lorsque ces eaux ont été suf-
fisamment rapprochées. J'ai donc réduit par
l'évaporation l'eau de Garris à un tiers de
son volume environ et je l'ai soumise de
nouveau à l'action de quelques réactifs.

Dans ce nouvel état elle s'est comportée
de la manière suivante :

Elle n'a éprouvé aucun changement par
l'emploi de l'ammoniaque pure; ce qui

prouve que si elle contient de la magnésie,
cette substance s'y trouve à l'état de carbonate qui s'en sera séparé pendant l'acte de
l'évaporation.

La solution d'oxalate d'ammoniaque l'a
troublée très-sensiblement.

Celle du nitrate de baryte y a occasionné
un précipité blanc.

La solution de nitrate d'argent a produit
un précipité gris brun. L'eau minérale, après
l'action de ce réactif, conservait une nuance
jaune.

La solution de deutochlorure de mercure
a occasionné au bout d'un moment un trouble qui a donné lieu à un précipité qui
n'était que de l'oxide de mercure. On remarquait à la surface de l'eau une légère pellicule qui réfléchissait les couleurs de l'iris;
effet qui était dû sans doute à la présence
d'un hydrosulfate. En traitant la solution
d'un résidu de l'eau de Garris par ce même
réactif, l'acide sulfurique, l'amidon et le
chlore, j'ai acquis la preuve que cette eau
ne contient point de l'iode ni du brome,
substances qu'on rencontre quelquefois dans
les eaux minérales.

Résumant les effets produits par les réactifs, on trouve que l'eau de Garris contient
les principes suivans :

> Acide hydrosulfurique.
> Acide hydrochlorique.
> Acide sulfurique.
> Acide carbonique.
> Chaux.

Probablement Magnésie en très-petite quan-
> tité.

> Oxide de fer de même.

Il reste maintenant à déterminer les
quantités respectives de ces divers principes
et l'ordre de leur combinaison. Les expériences qui suivent ont cet objet, ainsi que
de rechercher s'il existe d'autres substances dans cette eau.

Dégagement des gaz contenus dans l'eau de
Garris.

Les gaz contenus dans l'eau de Garris en
ont été séparés, en la chauffant dans un
appareil convenable, ainsi qu'on le pratique
dans l'analyse des eaux minérales. Le mélange gazeux, reçu sous une cloche, était

formé d'acide hydrosulfurique, d'acide carbonique et d'azote. Analysé par les moyens connus, c'est-à-dire d'abord par la potasse et ensuite par le phosphore, pour déterminer seulement la quantité d'azote, ce derdier gaz a été évalué, pour 1000 grammes d'eau minérale à 0,014, $\overset{\text{litre}}{}$ température zéro, pression atmosphérique 0,76, ou en poids $\overset{\text{gram.}}{}$ 0,00875.

Détermination de l'acide hydrosulfurique.

J'ai déterminé la quantité d'acide hydrosulfurique contenue dans l'eau de Garris, par l'emploi du nitrate d'argent, et en décomposant ensuite par l'action de la chaleur le sulfure d'argent obtenu Voici ces expériences.

J'ai mis dans un grand flacon, bouché à l'éméri, 4000 grammes ou quatre kilogrammes d'eau minérale puisée au moment même de l'expérience ; il restait dans le flacon un espace vide d'environ un centilitre ; j'y ai introduit aussitôt quelques cristaux de nitrate d'argent dont la quantité dépassait de beaucoup celle qui était

nécessaire, pour décomposer complètement
l'acide hydrosulfurique : le flacon a été ensuite bouché et le liquide un peu agité. Il
s'y est formé un précipité noir, floconneux,
qui s'est déposé entièrement au fond du
vase. Ce précipité, recueilli, a été lavé avec
de l'eau distillée et traité par l'ammoniaque
caustique, pour le débarrasser des sels d'argent qu'il contenait; je l'ai agité ensuite
avec de l'eau aiguisée d'acide acétique, pour
lui enlever un peu de magnésie, dans le
cas où l'ammoniaque en aurait précipité;
puis il a été lavé de nouveau, à plusieurs
reprises, et enfin séché, avec beaucoup de
précaution, à la température de 110 à 120
degrés centigrades. Son poids, dans une ba-
lance d'essai très - sensible, était de 0,396.
Trois autres expériences, conduites de la
même manière, ont donné pour sulfure
d'argent—0,40—0,415—0,401.

Ainsi on a obtenu, en sulfure d'argent,
desséché à la température de 110 à 120
degrés centigrades, 0,396—0,40—0,415—
0,401. Ces quatre produits ont été soumis

séparément à l'action du feu, dans un petit
creuset de porcelaine : j'ai pris la précaution de chauffer graduellement et de n'élever la chaleur qu'au point nécessaire, pour
décomposer le sulfure et obtenir l'argent à
l'état métallique, sans provoquer une fusion
qui aurait pu en volatiliser une bien faible
partie.

Ces expériences ont donné les résultats
suivans :

Argent à l'état métallique,

gram. gram. gram. gram.
0,3482 — 0,3481 — 0,3482 — 0,3482.

Il est clair que, dans ces dernières expériences, les produits ont été plus constans
que dans les expériences précédentes où nécessairement le sulfure d'argent, par suite
de sa dessication, aura retenu de l'eau, ou
bien éprouvé une perte en soufre (1).

_____

(1) On sait qu'on peut aussi traiter par deux autres procédés le sulfure d'argent, pour connaître la quantité d'a-
cide hydrosulfurique contenu dans les eaux minérales ;
l'un consiste à traiter ce sulfure par l'acide nitrique très-
concentré, pour convertir son soufre en acide sulfurique

gram.   gram.

Ces 0,3482 d'argent admettent 0,0518 de
gram.

soufre pour former 0,40 de sulfure d'argent.

Par conséquent, puisque 100 parties de ce

sulfure correspondent à 14 parties d'acide
gram.

hydrosulfurique, ces 0,40 du même sulfure
gram.

représentent 0,056 de cet acide dans 4000

dont on estime la quantité par un sel de baryte, pour en dé-
duire ensuite par le calcul la quantité d'acide hydrosulfurique. Par l'autre procédé, on traite également le
sulfure d'argent par l'acide nitrique, pour obtenir du nitrate d'argent en dissolution qu'on convertit en chlorure,
au moyen de l'acide hydrochlorique : la quantité de chlorure obtenu, après sa fusion, fait connaître la quantité
d'argent et par suite celle du soufre et de l'acide hydrosulfurique. Mais ces procédés ne sont pas exempts d'inconvé-
niens. Le premier présente la difficulté de recueillir très-
exactement le précipité de sulfate de baryte, difficulté bien
difficile à vaincre pour tous les précipités généralement;
le second présente un autre genre d'inconvénient : comme
on est obligé de rendre la dissolution de nitrate d'argent
très-acide, pour en précipiter le chlorure qui ne s'en sépa-
rerait pas sans cette condition, une petite partie de ce dernier reste toujours en dissolution ; car l'acide nitrique,
comme on le sait, a la propriété de dissoudre une quantité notable de chlorure d'argent, surtout lorsque ce chlorure se trouve dans un état hydraté.

grammes, ou quatre kilogrammes d'eau de
Garris (1).

Etat de l'acide hydrosulfurique dans l'eau de Garris.

On se rappelle que dans l'essai de cette
eau, par les réactifs, le protosulfate de fer y
annonçait la présence d'un hydrosulfate qui
a été confirmée par d'autres expériences.
Cette circonstance exige qu'on recherche si
la totalité de l'acide hydrosulfurique déja
trouvée existe en entier à l'état de combinaison, formant cet hydrosulfate, ou bien

(1) On a vu que les proportions d'argent et de soufre qui
constituent le sulfure d'argent, produit dans l'eau de Garris, se rapportent à celles qui sont établies pour la composition de ce sulfure ; mais je ferai observer à cet égard que
j'ai rencontré d'autres eaux sulfureuses naturelles, qui étant
traitées par le nitrate d'argent, donnaient lieu à un sulfure
dont la proportion de soufre est beaucoup plus considérable. Je pense néanmoins que cet excédent de soufre n'est
qu'adhérent au sulfure d'argent et que ce cas doit se rap-
porter à des eaux sulfureuses sur lesquelles l'air a exercé
une action et qui contiennent de l'acide hydrosulfurique
ou des hydrosulfates avec un excès de soufre, toutefois
sans donner lieu toujours à un précipité avec les acides.

s'il s'en trouve une partie à l'état libre.
M. Ossian Henry a fait voir, dans plusieurs
analyses d'eaux sulfureuses, que l'argent en
poudre est avantageusement employé pour
cette recherche, l'argent ayant la propriété
de n'agir que sur l'acide hydrosulfurique
libre, sans toucher aux hydrosulfates.

J'ai donc agité de la poudre d'argent avec
4000 grammes d'eau minérale, dans un flacon plein et bien bouché. Cette agitation a
eu lieu, à plusieurs reprises, pendant l'espace de six jours. Le sulfure d'argent formé,
recueilli, lavé et bien séché, étant du poids
de 0,08, a démontré, dans cette quantité
d'eau 0,0112 d'acide hydrosulfurique libre.
Cette expérience a été faite sur l'eau minérale récemment puisée et dans le même moment que l'expérience précédente, par le
nitrate d'argent.

Il résulte donc des expériences faites pour
déterminer la quantité d'acide hyrosulfuri-
que dans l'eau de Garris, que 4000 grammes ou quatre kilogrammes de cette eau,
contiennent :

gram.

Acide hydrosulfurique libre................ 0,0112

Et par conséquent acide hydrosulfurique combiné 0,0448

_____

0,0560

pour la totalité de l'acide hydrosulfurique

gram.

représenté par 0,40 de sulfure d'argent.

Détermination de l'hydrosulfate contenu dans l'eau de Garris.

Pour connaître la quantité de l'hydrosulfate contenu dans l'eau de Garris et la base
de ce sel, j'ai mis en pratique le procédé
nouvellement proposé par M. Ossian Henry.
Ce chimiste conseille de faire passer dans
l'eau minérale, au moyen d'un appareil convenable, une grande quantité de gaz acide
carbonique. J'ai procédé de cette manière
sur 4000 grammes d'eau de Garris, récemment puisée, en prenant le soin d'entretenir,
pendant plusieurs heures, le dégagement
de ce gaz. L'eau minérale, après s'être troublée et avoir laissé dégager de l'acide hydrosulfurique, s'est ensuite éclaircie. Lorsqu'il
ne se dégageait plus aucune odeur sulfureuse, j'ai fait évaporer cette eau à siccité. Le
résidu a été calciné et traité ensuite par l'eau

4

distillée, pour lui enlever tous les sels solubles. Ce qui est resté après ce traitement a
été mis en contact avec de l'acide acétique
étendu d'eau. Le liquide évaporé à siccité
a laissé un nouveau résidu qui a été repris
par l'alcool à 3o degrés bouillant ; l'évaporation et une forte calcination, à l'air libre,
ont laissé en dernier lieu une matière blanche qui, après avoir été arrosée d'acide carbonique et bien séchée, a donné un produit
de carbonate de chaux et de magnésie. En
déduisant de ce produit le poids des carbonates de la même nature, obtenus dans des
expériences dont il sera question plus tard,
on trouve que l'acide carbonique employé
a agi sur 0,0746 de chaux qui, à 0,0002 près
de cette base, en moins, représentent avec
les 0,0448 d'acide hydrosulfurique déja dé-
couverts, 0,1192 d'hydrosulfate de chaux,
en supposant cet hydrosulfate *anhydre* et
formé pour 100 de

Chaux.   62,47
Acide hydrosulfurique..   37,53

La grande quantité de chaux, trouvée dans

cette expérience, ne laisse pas de doute que l'acide hydrosulfurique ne soit combiné en totalité à cette base.

Détermination de l'acide carbonique.

Connaissant par des expériences que j'avais déja faites la composition de l'eau de Garris, il m'a été facile de déterminer la quantité d'acide carbonique qu'elle contient. L'expérience a été faite sur 2000 grammes de cette eau récemment puisée et mise dans un grand flacon à l'émeri. J'y ai versé aussitôt un grand excès d'eau de chaux récente, et ce flacon entièrement plein a été bouché au même instant. Le mélange s'est troublé. Vingt-quatre heures après, le précipité qui s'était formé, étant bien déposé, j'ai essayé une portion de l'eau qui le surnageait, avec de l'eau de chaux : il n'y eut plus de décomposition, ce qui prouve que l'effet avait été complet dans le principe. J'ai traité ensuite ce précipité par l'acide hydrochlorique faible : sa dissolution qui contenait des hydrochlorates de chaux et de magnésie évaporée, a laissé un résidu qui a été calciné, pour décomposer le sel magnésien. Ce produit s'est dissous, à une très-petite quantité près, dans de l'alcool à 30 degrés. Ce qui a résisté à l'action de ce véhicule était de la magnésie pure. La liqueur alcoolique évaporée et son résidu, soumis à la calcination, a donné du chlorure de calcium qui représentait 0,200 de $^{\text{gram.}}$ carbonate de chaux, ou 0,08722 $^{\text{gram.}}$ d'acide carbonique; mais n'ayant opéré que sur 2000 grammes d'eau minérale, au lieu de 4000 grammes qui est la quantité de cette eau sur laquelle j'ai agi, pour toutes les autres expériences, il faut porter au double le carbonate de chaux et l'acide carbonique obtenus dans celle-ci; ainsi l'on aurait eu, pour les 4000 grammes d'eau minérale, 0,400 $^{\text{gram.}}$ de carbonate de chaux ou 0,17444 $^{\text{gram.}}$ d'acide carbonique, pour la totalité de cet acide. Comme j'ai trouvé dans le résidu de l'évaporation de 4000 grammes d'eau minérale 0,199 de carbonate de chaux et 0,02 de $^{\text{gram.}}$ $^{\text{gram.}}$ carbonate de magnésie, ainsi qu'on le verra dans la suite, il résulte que la quantité d'acide carbonique qui n'est pas tout à fait

engagée à l'état de combinaison dans 4000
grammes d'eau de Garris n'est que de
gram.
0,08722 ; quantité, à très peu de chose près,
nécessaire à la solubilité des carbonates, ou
à leur conversion en bicarbonates.

*Évaporation de l'eau de Garris et recherches
sur le produit ou résidu de cette évaporation.*

Huit kilogrammes d'eau minérale de Garris ont été soumis à une évaporation lente
dans une bassine de cuivre bien étamée.
Lorsque l'eau a été réduite au douzième de
son volume environ, on apercevait à sa
surface une légère pellicule blanche qui
présentait de la consistance à mesure que
l'évaporation avançait et qui se précipitait
ensuite par petits fragmens, d'un aspect
cristallin, pendant tout le temps de l'opération. Les parois du vase que l'évaporation
de l'eau laissait à découvert présentaient
plusieurs cercles formés par une matière
blanche et comme pulvérulente. L'eau, réduite à 90 grammes environ, avait pris une
couleur jaunâtre ; elle a été séparée du dé-

pôt qu'elle contenait et celui-ci a été lavé,
à plusieurs reprises, avec de l'eau distillée
qui a été ajoutée au liquide restant de l'évaporation. Ce dernier, évaporé à siccité dans
une capsule de porcelaine, au bain-marie,
a laissé un résidu coloré par une matière organique de couleur jaune. Ce résidu convena-
blement séché pesait 3,094. Je l'ai partagé
en deux parties égales, du poids de 1,547
chacune; l'une a été mise en réserve, pour
être soumise à des expériences ultérieures,
et l'autre a été traitée de la manière suivante.

Traitement du résidu par l'éther sulfurique.

La partie de ce résidu du poids de 1,547
a été traitée, à plusieurs reprises, par l'éther
sulfurique très-rectifié. Pendant l'évaporation de l'éther, qui a été faite à une chaleur
douce, on remarquait que ce liquide qui
était d'abord clair et incolore se troublait
beaucoup par la présence d'une matière
épaisse, grasse, comme gélatineuse et d'un
blanc jaunâtre. Évaporé à siccité, l'éther a

laissé un résidu entièrement formé de cette matière.

Dans cet état de dessication, elle était d'une couleur jaune orangée; elle se dissolvait dans l'alcool, l'éther, l'eau et les solutions alcalines : sa saveur était âcre et piquante : chauffée dans une petite capsule de verre, elle s'est colorée plus fortement, tout en conservant de la transparence. Les vapeurs qui s'en exhalaient ne ramenaient pas au bleu un papier de tournesol légèrement rougi par l'acide acétique, ce qui prouve que cette matière ne contenait point de l'azote qui aurait donné lieu à une formation d'ammoniaque; entièrement décomposée, par l'action de la chaleur, elle s'est réduite en un charbon qui s'est difficilement incinéré.

Toutes ces propriétés démontrent que cette substance doit être identique avec celle que M. Anglada a retirée de la glairine des eaux sulfureuses des Pyrénées Orientales et qu'il a nommée matière colorante; mais qu'on pourrait, je crois, regarder plutôt comme une variété de la glairine même. Si l'on considère maintenant que la solution

de cette matière dans l'éther n'était point
colorée; que la matière elle-même au moment où elle commence à se montrer, pendant l'évaporation de l'éther, n'avait qu'une
couleur blanche très-légèrement nuancée
en jaune qui n'a pris de l'intensité que
par son contact prolongé avec le calorique,
on est porté à croire que cette matière était
incolore dans l'origine, et par conséquent
dans son état de solution dans l'eau minérale.

Traitement du résidu par l'alcool.

Après l'action de l'éther sulfurique, le
résidu a été traité par l'alcool à 38 degrés. La solution alcoolique évaporée au
bain-marie, jusqu'à ce qu'il ne restât que
très-peu de liquide, n'a point fourni de cristallisation. Elle s'est prise, par le refroidissement, en une masse saline de consistance
molle, comme gélatineuse, et qui était colorée par une matière organique d'un jaune
orangé. Cette masse saline ayant été dessé-
chée, j'en ai séparé la matière organique,
au moyen de plusieurs lavages, avec de
l'éther sulfurique. Ce sel était alors assez

blanc. Je l'ai dissous dans l'alcool à 32 degrés. L'évaporation de cet alcool a laissé une matière saline blanche assez confusément cristallisée, et au milieu de laquelle on pouvait apercevoir deux petits cristaux de forme cubique, qui étaient dus évidemment à de l'hydrochlorate de soude. En faisant dissoudre à froid et avec précaution la masse saline, dans très-peu d'alcool à 38 degrés, j'en ai séparé ces deux petits cristaux qui ont été lavés avec tant soit peu d'alcool et mis de côté.

La solution alcoolique évaporée et son résidu fortement calciné, à l'air libre, a été repris par l'alcool qui l'a dissous à une petite quantité près de matière que j'ai reconnue pour être du sulfate de chaux, ne contenant point de sulfate de magnésie, et qui devait provenir de la décomposition d'un hydrosulfate de cette base, passé d'abord à l'état d'hyposulfate; je n'ai pas tenu compte du poids de ce sel, me réservant d'apprécier, comme on l'a vu, par des expériences ultérieures, la quantité d'hydrosulfate contenue dans l'eau de Garris.

La nouvelle solution alcoolique ayant été

évaporée, le résidu qu'elle a fourni a été
soumis à la calcination, dans un creuset de
porcelaine muni de son couvercle. Il est
resté après cette opération une substance
saline qui, encore un peu chaude, pesait 0,10
et qui attirait puissamment l'humidité de
l'air. Dissoute dans l'eau distillée, sa solution a été divisée en trois portions égales;
l'une a donné un précipité par le nitrate
d'argent qui, pour la totalité de la solution,
indiquait $\overset{\text{gram.}}{0,06336}$ de chlore; l'autre a produit un précipité par l'oxalate d'ammonia-
que, et la troisième n'a pas éprouvé de changement par l'ammoniaque caustique. Ces
essais ont démontré que le sel obtenu était
du chlorure de calcium pur. D'autres expériences ont fait connaître aussi qu'il n'exis-
tait point dans cette solution aucun autre
sel, soit à base de potasse ou de soude.

L'éther qui avait servi à laver et à décolo-
rer le chlorure de calcium obtenu, a laissé,
après son évaporation, de la matière organique qui était identique avec celle que j'a-
vais déja découverte, par l'emploi de ce li-

quide directement sur le résidu de l'eau
minérale évaporée.

Traitement du résidu par l'eau distillée.

La partie du résidu qui était restée insoluble dans l'éther sulfurique et dans l'alcool,
a été traitée par une quantité convenable
d'eau distillée froide ; elle s'y est dissoute
presque en totalité et sa solution a été ensuite évaporée, au bain-marie, dans une
capsule de porcelaine. Pendant cette opération, il s'est formé dans la liqueur un dépôt qui en a été séparé et réuni à la petite
portion du résidu qui avait refusé de se
dissoudre.

A mesure que l'évaporation s'avançait et
surtout vers la fin, la liqueur s'est fortement
colorée en jaune foncé, en prenant une consistance épaisse et un aspect gélatineux. C'é-
tait encore la même matière organique, déja
découverte, qui se représentait et qui pa-
raissait empêcher la cristallisation du sel qui
était en solution. J'ai achevé l'évaporation
jusqu'à siccité et le résidu refroidi a été traité
à plusieurs reprises par l'éther sulfurique,
jusqu'à ce qu'il a été entièrement débarrassé

de la matière organique. Je l'ai fait dissoudre alors dans un peu d'eau distillée, et l'é-
vaporation a laissé une cristallisation d'hydrochlorate de soude. Ce sel auquel j'ai joint
les deux petits cristaux de la même nature,
retirés de la solution alcoolique, a été ensuite
fortement calciné dans le même creuset dont
je m'étais précédemment servi, et j'ai ainsi
obtenu 0,60 de chlorure de sodium.
^{gram.}

La solution de ce chlorure, dans l'eau
distillée, a été partagée en deux portions
égales; dans l'une le nitrate d'argent a fait
connaître l'existence de 0,18102 de chlore;
^{gram.}
ce qui est pour la totalité de la solution
0,36204 qui représentent les 0,60 de chlorure de sodium obtenus : l'autre portion de
la solution ne s'étant point troublée par l'hydrochlorate de baryte, j'ai acquis la preuve
de l'absence des sulfates solubles. Des expériences ultérieures m'ont aussi démontré
que cette partie du résidu ne contenait
point de carbonate de soude.

La partie du résidu insoluble dans l'eau
distillée et le dépôt formé, pendant l'évaporation de cette eau, ont été calcinés ensem-

ble et dissous, à peu de chose près, dans l'acide hydrochlorique peu étendu ; l'alcool à 36 degrés a précipité de cette solution du sulfate de chaux qui, soumis ensuite à la calcination, a donné 0,10 de ce sel ; ce qui restait insoluble, après cette opération, a été calciné avec de la potasse pure et reconnu pour de la silice, du poids de 0,04.

L'éther qui avait servi à débarrasser le chlorure de sodium de la matière organique a laissé, après son évaporation, une certaine quantité de cette même matière (1).

Traitement du dépôt formé pendant l'évaporation de l'eau minérale.

Ce dépôt, après avoir été calciné, a été traité par l'acide acétique faible qui en a dissous une partie, en produisant une vive effervescence. La liqueur évaporée, pour en

(1) Si je n'ai pas retenu le poids de la matière organique qui s'est présentée dans toutes ces expériences, c'est que je me propose de recourir à un autre moyen pour déterminer ce poids plus exactement, ainsi qu'on le verra dans la suite.

chasser l'excès d'acide acétique, a laissé une
matière saline que l'eau distillée a dissoute
et qui a été précipitée ensuite par un léger
excès de potasse pure, en ajoutant préala-
blement un peu d'alcool dans la liqueur.

Ce précipité, lavé avec de l'alcool et séché,
a été dissous dans l'acide hydrochlorique
faible. La liqueur évaporée a laissé un résidu que j'ai fait fortement calciner et qui
a été traité ensuite par de l'alcool à 32 degrés, qui lui a enlevé du chlorure de calcium, en laissant à nu de la magnésie.
Cette base, après sa dessication, pesait
gram.
0,0085. Le chlorure de calcium, obtenu par
l'évaporation de l'alcool et calciné, était du
poids de 0,236, représentant 0,199 de car-
gram.   gram.

gram.
bonate de chaux. En ajoutant aux 0,0085
de magnésie l'acide carbonique nécessaire,
gram.
pour les convertir en carbonate, on a 0,02
de carbonate de magnésie.

La partie du dépôt qui a résisté à ce traitement s'est dissoute presque en entier
dans l'acide hydrochlorique peu étendu;
l'alcool à 36 degrés en a précipité du sulfate

de chaux dont le poids, après la calcination,
était de 0,16$^{\text{gram.}}$; il faut ajouter à cette quantité
de sulfate de chaux les 0,10$^{\text{gram.}}$ du même sel,
retirés dans le traitement du résidu de l'eau
minérale, par l'eau distillée froide : ce qui
porte le poids total de ce sulfate à 0,26$^{\text{gram.}}$. La
liqueur étendue d'un peu d'eau distillée, a
donné ensuite par le succinate d'ammoniaque, et au moyen d'une légere ébullition,
quelques traces d'oxide de fer, combiné à
l'acide succinique et qu'on peut évaluer à
0,004$^{\text{gram.}}$. L'addition du sous-carbonate de potasse, en dernier lieu, n'a pas démontré dans
cette liqueur la présence de l'oxide de man-
ganèse.

Ce qui restait du dépôt après cette opération, a été reconnu pour ne contenir que
quelques atomes d'alumine évaluée approxi-
mativement à 0,004$^{\text{gram.}}$ et de la matière organique charbonnée.

*Traitement de la partie du résidu de l'éva-
poration de l'eau de Garris, mise en
réserve.*

J'ai pris la partie du résidu de l'évaporation de huit kilogrammes d'eau de Garris
que j'avais mise en réserve et qui était du
poids de 1,547.
$^{\text{gram.}}$ J'ai fait calciner ce résidu,
à l'air libre, pour détruire entièrement la
glairine ou matière organique qu'il contenait. Après cette opération, ce résidu a été
un peu humecté avec de l'eau distillée et
séché au bain-marie : pesé ensuite, encore
un peu chaud, pour ne pas lui donner le
temps d'attirer l'humidité de l'air, son poids
s'est trouvé diminué de o, 22
$^{\text{gram.}}$ qui représen-
tent la quantité de glairine ou matière organique contenue dans quatre kilogrammes
d'eau de Garris.

Ce même résidu m'a servi ensuite à faire
d'autres expériences qui ont confirmé plusieurs résultats déja obtenus.

Le résidu de l'évaporation de l'eau de
Garris contenait donc ce qui suit, pour
quatre kilogrammes d'eau :

	grammes.
Chlorure de calcium.	0,100
Chlorure de sodium.	0,600
Carbonate de chaux.	0,199
Carbonate de magnésie. . .	0,020
Sulfate de chaux.	0,260
Silice.	0,040
Oxide de fer ·	0,004
Alumine.	0,004
Matière organique (glairine).	0,220
Pour sulfate de chaux, pro- venant de la décomposition d'une hydrosulfate ou perte.	0,100
Grammes. . . .	1,547

Résumé des expériences analytiques sur l'eau de Garris.

En résumant les expériences analytiques qui ont été faites sur l'eau sulfureuse de Garris, on trouve que quatre kilogrammes de cette eau contiennent les principes suivans :

Azote. . . . . en poids gram. 0,0350
En volume temp. O° press. 0,76. . litre. 0,0560

Acide hydrosulfurique libre, en p' gram. 0,0112
En volume.. *idem*... *idem*...... litre. 0,0072
Acide carbonique libre, ou peu adhé-
   rent............ .... en poids gram. 0,08722
En volume.. *idem*... *idem*...... litre. 0,04418
Hydrosulfate de chaux.........gram. 0,1192
Chlorure de calcium.............. 0,100
Chlorure de sodium.............. 0,600
Carbonate de chaux.............. 0,199
Carbonate de magnésie............ 0,020
Sulfate de chaux.................. 0,260
Silice........................... 0,040
Oxide de fer..................... 0,004
Alumine........................ 0,004
Matière organique (glairine) sèche.... 0,220

D'où il résulte qu'un kilogramme ou un litre d'eau sulfureuse de Garris contient :

Azote............... ...... en poids gram. 0,00875
En volume temp. O° press. 0,76.... lit. 0,014
Acide hydrosulfurique libre, en p' gram. 0,0028
En volume.. *idem*... *idem*......litre. 0,0018
Acide carbonique libre, ou peu adhé-
   rent............ en poids gram. 0,021805
En volume.. *idem*.... *idem*...... litre 0,011045
Hydrosulfate de chaux.........gram. 0,0298
Chlorure de calcium............... 0,0250

Chlorure de sodium 0,1500
Carbonate de chaux 0,04975
Carbonate de magnésie 0,0050
Sulfate de chaux 0,0650
Silice 0,0100
Oxide de fer 0,0010
Alumine 0,0010
Matière organique (glairine) sèche 0,0550

Ce travail, en faisant connaître les principes qui minéralisent l'eau de Garris, démontre aussi que ces principes sont de trois natures bien différentes; les premiers susceptibles de se volatiliser et de se séparer facilement de l'eau, tels que les acides hydrosulfurique et carbonique; les seconds, formés de ces mêmes acides et d'une base salifiable, pouvant se décomposer par l'action de l'air et de la chaleur, tels que l'hydrosulfate de chaux et les bicarbonates; les troisièmes appartenant aux substances salines fixes qui ne peuvent être retirées de l'eau que par l'évaporation. La glairine doit être rangée au nombre de ces derniers et l'azote parmi

les substances gazeuses; mais c'est évidemment à l'acide hydrosulfurique et à l'hydrosulfate de chaux que cette eau doit ses pro-
priétes essentielles et caractéristiques d'eau
sulfureuse.

PROPRIÉTÉS MÉDICINALES

DE

L'EAU DE GARRIS.

On a vu, d'après les résultats de l'analyse chimique de l'eau de Garris, qu'elle contient un principe très-actif : l'acide hydrosulfurique dont une partie s'y trouve à l'état libre, et l'autre à celui de combinaison. Ce principe doit nécessairement lui communiquer des propriétés énergiques, et la rendre très-utile dans le traitement d'un grand nombre de maladies. Des substances salines s'y associent secondairement; mais ce qui est remarquable dans cette eau, c'est

que la matière organique que les chimistes
ont désignée sous le nom de glairine, s'y
trouve en très-grande quantité, comparative-
ment à d'autres eaux minérales de la même
espèce. On sait que cette matière organisée
qui est d'une consistance épaisse et comme
gélatineuse, modifie avantageusement l'action de l'acide hydrosulfurique, et celle des
hydrosulfates, notamment dans l'emploi des
eaux sulfureuses à l'extérieur. Sous ce rapport, et en considérant, par ailleurs, la présence du chlorure de sodium dans l'eau de
Garris, on trouvera qu'elle a beaucoup
d'analogie avec les eaux de Barèges, de Cauteretz et plusieurs eaux minérales des Pyrénées Orientales dont la renommée est des
plus étendues. Il faut cependant observer à
cet égard, qu'indépendamment d'une composition qui n'est pas absolument la même,
cette eau diffère de celles qui viennent
d'être citées, par la température de ces dernières qui est assez élevée pour quelques-
unes, tandis que l'eau de Garris est naturellement froide. On est donc obligé de la
chauffer pour l'amener à la température qui
est nécessaire aux bains ou aux douches,

et qui s'élève le plus ordinairement de 3o
à 32 degrés de Réaumur ou 37 ½ à 4o degrés centigrades. Cette élévation de température qu'on donne aujourd'hui à plusieurs
eaux sulfureuses froides, a provoqué une
objection relative à la nature de la chaleur
que quelques eaux minérales apportent avec
elles du sein de leurs sources. Il s'agissait
de déterminer si cette chaleur était pourvue
de quelque propriété particulière, de quelque chose de *sui generis*, ou bien si elle
était absolument identique avec celle de
nos foyers. Un grand nombre d'expériences
qui ont été faites dans cet objet, sur plusieurs eaux minérales naturelles ou factices,
par M. Longchamp, chimiste qui s'est beaucoup occupé de l'analyse des eaux, ont ré-
solu cette question de la manière la plus
satisfaisante : elles ont prouvé clairement
que la chaleur artificielle, ou, en d'autres
termes, celle qui peut être communiquée,
ne diffère en rien de la chaleur naturelle (1).

_____

(1) Ceci est encore prouvé par les effets de la lumière
qui vient des corps en ignition. Elle agit sur les corps co-
lorés de la même manière que la lumière naturelle ou du
soleil.

M. Longchamp a confirmé aussi un fait important, déja signalé par d'autres chimistes, c'est que plusieurs eaux sulfureuses ont la propriété de conserver, après avoir été chauffées à un certain degré, la plus grande partie de leur acide hydrosulfurique, et de jouir de leurs vertus les plus essentielles. L'eau de Garris, comme on a pu le voir dans son analyse, est de cette espèce ; ce qui est d'ailleurs confirmé tous les jours, par les effets qu'elle produit sur le système tégumentaire, appliquée en bains, après qu'elle a été élevée à un degré de chaleur convenable.

C'est en partant de ces diverses considérations qu'on pourra mieux apprécier les propriétés médicinales de cette eau minérale. L'expérience a fait connaître, depuis long-temps, qu'elle peut être assimilée, par sa manière d'agir, à des eaux sulfureuses qui ont acquis le plus de réputation. Les guérisons qu'elle opère d'un grand nombre de maladies qui présentent quelquefois un caractère grave, lui ont attiré une renommée bien méritée que l'avenir doit nécessairement étendre. Les médecins de la con-

trée, MM. Cazalot, Bidégaray, Etcheparre
et Roques, qui inspirent la plus entière con-
fiance par des connaissances étendues dans
leur art et une pratique éclairée, la regar-
dent comme un puissant moyen de thérapeutique et la prescrivent très - avantageusement à leurs malades. MM. Cazalot à
Saint-Palais et Bidégaray à Garris, ont particulièrement recueilli des observations sur
l'emploi de cette eau : elles sont relatives à
des maladies qui doivent fixer l'attention du
médecin, et dont quelques-unes résistent
parfois aux moyens ordinairement employés.
Les limites de ce simple aperçu ne me per-
mettant pas de présenter la série de ces observations intéressantes, on en trouvera du
moins ici le résumé qui prouve que l'eau de
Garris a eu les plus grands succès dans les
cas suivans ;

Administrée en bains et en boisson.

1° Dans diverses sortes d'affections cutanées rebelles (gale, dartres, etc.) — 2° Dans
les rhumatismes. — 3° Dans les phlegmasies chroniques de la vessie (catarrhe vési-

cal). — 4° Dans certaines affections nerveuses et hémorrhoïdales.

Administrée en boisson seulement.

1° Dans le catarrhe bronchique. — 2° Dans les névroses pulmonaires.—3° Dans la gastralgie. — 4° Dans les phlegmasies chroniques des voies digestives (estomac).

Cette eau peut offrir aussi une grande ressource dans le traitement des affections scrophuleuses; elle a la propriété d'augmenter la transpiration et de favoriser la sécrétion des urines. Prise à petites doses, elle peut être avantageuse dans la diarrhée rebelle qui a résisté à tous les traitemens et même dans la dissenterie *chronique*. On l'emploie avec succès pour guérir la chlorose et rétablir les menstrues diminuées ou supprimées.

Lorsqu'on administre l'eau de Garris à l'intérieur, il convient, dans quelques cas, de la couper avec du lait, de l'eau d'orge ou une solution gommeuse. Ces mélanges peuvent être faits dans les proportions d'un tiers ou de la moitié du volume de l'eau

minérale. On doit observer de ne les préparer qu'au moment de les boire, comme
je l'ai déja fait observer, afin de prévenir la
décomposition qu'ils pourraient éprouver
en les conservant. Le lait et les liquides
mucilagineux ont, comme on le sait, la
propriété de modifier avantageusement l'action des eaux sulfureuses chez certains in-
dividus qui sont disposés à des irritations
ou qui ont l'estomac faible. On a remarqué
que plusieurs sujets qui ne pouvaient pas
supporter les eaux sulfureuses dans leur
état naturel, en ont retiré, par ce moyen,
les plus grands avantages. Il est donc important de ne pas négliger cette sorte de
médication, lorsque les circonstances l'in-
diquent.

Il peut aussi se présenter des cas où il
conviendra, pendant l'usage de l'eau de
Garris, de tenir le ventre du malade un peu
libre. On obtiendra cet effet au moyen de
quelques légères doses d'un sel purgatif,
tels que le sulfate de soude ou celui de magnésie, prises pendant deux ou trois jours
consécutifs. Mais c'est aux médecins qu'il
appartient de déterminer ces sortes de cas

et principalement tous ceux où l'on peut recourir à l'emploi des eaux sulfureuses en général.

Il ne paraît pas qu'on ait fait encore usage de l'eau de Garris en douches (1); mais, d'après sa nature, on doit penser qu'on pourra en faire des applications très-utiles, sous cette forme, pour dissiper la roideur

(1) On sait que la douche est une colonne d'eau qui frappe avec une certaine vitesse, une partie du corps. Son effet est d'exciter l'action organique de cette partie, d'y produire de la sensation et d'en animer la circulation capillaire, de manière à occasionner la rubéfaction. On sent que cette excitation doit être en raison de la hauteur de la colonne d'eau et de son diamètre. La douche est *descendante, latérale ou ascendante;* mais c'est la première qui est le plus en usage. Les douches peuvent être froides, chaudes ou tempérées.

La durée de la douche est rarement de plus de dix à vingt minutes ; elle varie suivant les circonstances.

Dans toutes les affections où l'on croit utile d'avoir recours aux douches, on en administre une ou deux par jour, suivant la force du sujet, et on les continue pendant cinq, dix, quinze jours de suite, pour les suspendre ensuite et y revenir, au bout de quelques jours de repos, suivant les circonstances.

(*Extrait du Dictionnaire des Sciences Médicales.*)

des membres, l'enflure œdémateuse, des tumeurs, des gonflemens aux articulations et principalement pour guérir les ulcères calleux, fistuleux ou invétérés; dans la paralysie et même quelquefois dans l'épilepsie, quoique plusieurs de ces affections cèdent aussi à l'usage des bains. Ce mode d'administration de l'eau de Garris pourra être employé d'autant plus utilement qu'il est des circonstances où la douche d'eau froide doit avoir la préférence. C'est là encore un avantage qu'offrent les eaux sulfureuses d'une basse température, telle que celle dont il est ici question : on peut, comme on l'a vu, leur communiquer de la chaleur à volonté, sans craindre de dissiper une trop grande quantité de leur principe sulfureux, tandis que si l'on voulait amener à un certain degré de refroidissement des eaux sulfureuses chaudes, ces dernières, dans l'espace de temps qu'exigerait leur exposition à l'air, pour en éliminer le calorique, perdraient presqu'entièrement l'acide hydrosulfurique qu'elles contiennent, principe auquel elles doivent toute leur énergie.

Maintenant que la composition chimique

et les propriétés médicinales de l'eau sulfureuse de Garris sont mieux connues, on
comprendra toute son importance dans le
traitement de plusieurs maladies. Si, d'un
autre côté, on considère la situation de cette
source au milieu de contrées populeuses
qui se trouvent assez éloignées des eaux
de Barèges, Cauteretz, Bonne et Cambo,
on sentira l'avantage qu'offre la source de
Garris à de nombreux malades de pou-
voir s'y transporter, sans un grand dérange-
ment et à peu de frais. L'établissement que
MM. Vivié frères viennent d'y élever, avec
des soins tout particuliers, est donc sous
plusieurs points de vue, un bienfait inap-
préciable. Il est juste de leur en témoigner
de la reconnaissance, et c'est un sentiment
public qui ne leur manquera point.

TABLE

DES MATIÈRES.

www.ingramcontent.com/pod-product-compliance
Lightning Source LLC
Chambersburg PA
CBHW071237200326
41521CB00009B/1518